Meike Herbers

Der Wandel der dualen Berufsausbildung am Beispiel der Curriculumabstimmung im Bereich Elektrotechnik / Informatik

GRIN Verlag

Bibliografische Information der Deutschen Nationalbibliothek:

Die Deutsche Bibliothek verzeichnet diese Publikation in der Deutschen National-
bibliografie; detaillierte bibliografische Daten sind im Internet über http://dnb.d-
nb.de/ abrufbar.

Impressum:

Copyright © 2007 GRIN Verlag GmbH
Druck und Bindung: Books on Demand GmbH, Norderstedt Germany
ISBN: 978-3-656-23191-2

Dieses Buch bei GRIN:

http://www.grin.com/de/e-book/197017/der-wandel-der-dualen-berufsausbildung-
am-beispiel-der-curriculumabstimmung

Berufsbildungsinstitut
Arbeit und Technik

Meike Weber

Der Wandel der dualen Berufsausbildung
am Beispiel der Curriculumabstimmung
im Bereich Elektrotechnik / Informatik -

Lehrveranstaltung CD 02: „Lernorte und Curriculumentwicklung im Berufsfeld Elektrotechnik / Informatik"

Abgabetermin:

30.10.2007

biat Universität Flensburg SS 2007

Inhaltsverzeichnis

Abbildungsverzeichnis

Tabellenverzeichnis

1 Einleitung

Den Beginn einer geregelten Ausbildung im Elektrotechnikbereich stellte der 1908 gegründete "Deutsche Ausschuß für Technisches Schulwesen" (DATSCH) dar. Damals gab es bereits andere Ausbildungsgänge, die dual organisiert waren. So stellte sich für die Elektroberufe gar nicht die Frage, in welcher Art und Weise sie aufgebaut und gelehrt werden sollten. Man entschied sich, die Ausbildung ebenfalls teils in der Schule und teils im Betrieb durchzuführen. Seit den ersten geregelten Berufsausbildungsgängen zu Facharbeiter-Grundberufen (Industrie) in den 20er Jahren (vgl. Petersen 2002, S. 144f; nach Howe 1996, S.116) haben sich die Arbeitswelt, die Technik und auch die Erziehung sowie der Unterricht an Schulen stark gewandelt. Diesen Veränderungen waren und sind auch die dualen Berufsausbildungsgänge unterlegen. Den Wandel der dualen Berufsausbildung im Berufsfeld Elektrotechnik, später Elektrotechnik/Informatik (vgl. Peteresen; Rauner 2000) möchte ich vor allem am Aspekt der curricularen Abstimmung zwischen den Lernorten darstellen. Daneben werden die inhaltlichen Veränderung und der strukturelle Aufbau der Curricula betrachtet.

„Die mangelnde Abstimmung von Rahmenlehrplänen und Ausbildungsrahmenplänen stellt nach der Befragung in den Berufsschulen ein grundlegendes Problem für alle am Prüfungsgeschehen Beteiligten dar. Die unzureichende Abstimmung wurde von Berufsschullehrern und Berufsschullehrerinnen, von Ausbildern und Ausbilderinnen und von Auszubildenden beklagt. Damit verbunden wird vielfach die Frage, in welcher Reihenfolge und mit welchen Zeitanteilen die Lernfelder sinnvoller Weise vermittelt werden müssen. So wird schlechtes Abschneiden der Auszubildenden im schriftlichen Prüfungsteil häufig mit der Diskrepanz zwischen Rahmenlehrplänen, Ausbildungsrahmenplänen und Prüfungsaufgaben begründet.“ (BMBF 2005, S. 187)

Dieses Zitat aus dem Berufsbildungsbericht 2005 zeigt die immer noch während mangelnde Abstimmung zwischen den Curricula auf. Ich möchte in dieser Semesterarbeit konkrete Ausbildungsrahmenlehrpläne und Ausbildungsordnungen verschiedener Ausbildungsberufe aus den Neuordnungsphasen in Deutschland ansehen und mit Hilfe einer Gegenüberstellung der Curricula ab 1972 die Frage untersuchen, wie sich die Abstimmung zwischen den Lernorten gewandelt hat. Dazu stellt sich zum einen die Frage, wie die Ausbildung am besten organisiert sein sollte, damit berufliches Lernen möglich ist. Welche der in Kapitel 2 aufgezeigten Curriculumstrukturen eignen sich am besten für die moderne duale Ausbildung. Zum anderen ist die im Zitat aufgebrachte Frage nach der Reihenfolge der Lerninhalte – hier allerdings die Frage nach der Reihenfolge von Theorie und Praxis – und damit den didaktischen Vor- und Nachteilen der dualen Berufsausbildung zu untersuchen.

Nachdem ich im zweiten Kapitel eine kurze Übersicht über die verschiedenen Curriculumstrukturen aufgezeigt habe, gehe ich im dritten Kapitel zum Hauptteil über. Hier werden zunächst die wichtigsten grundsätzlichen Änderungen der Neuordnungen im Elektrotechnik/Informatik (ET/IF) – Bereich ab 1972 aufgezeigt und danach wird jeweils ein Ausbildungsberuf beispielhaft auf die Abstimmung zwischen Verordnung und Rahmenlehrplan untersucht. Dabei soll der inhaltliche und zeitliche Verlauf der Ausbildungsorganisationen dargestellt und deren Wandel untersucht werden. In einem abschließenden Fazit sollen die Ergebnisse der Untersuchung zusammengefasst und beurteilt werden.

2   Curriculare Strukturen

Über den Verlauf dieses Jahrhunderts gab es viele verschiedene Ansätze, die Berufsausbildung zwischen im Betrieb und in der Schule zu organisieren. Lipsmeier (1988, S. 77-101) unterscheidet vier Curriculum-Arten, die in diesem Kapitel vorgestellt werden sollen.

Außerdem ist hier das am 17. Mai 1972 herausgegebene Papier der Kultusministerkonferenz der Länder (KMK) über die Abstimmung von Ausbildungsordnung und Rahmenlehrplänen von Interesse. Darin heißt es, dass „die Ausbildungsordnungen des Bundes und die Rahmenlehrpläne der Länder aufeinander abgestimmt werden" (KMK 1972, S. 2) müssen. Die Erläuterung dieses Verfahrens zur Abstimmung und damit zum Entwickeln neuer Ausbildungsordnungen und Rahmenlehrpläne würde hier zu weit führen. Wichtig ist für diese Seminararbeit allerdings, dass die beiden Papiere, welche die Ausbildung bestimmen, seit 1972 abgestimmt sein sollen.

Ein weiteres wichtiges Papier ist die Handreichung für die Erarbeitung von Rahmenlehrplänen der KMK (KMK 1996 und 2000). Hierin wird z.B. die Einteilung der Lerninhalte der Schule in Lernfelder vorgegeben.

Gleichlauf-Curriculum

Hierbei ist vorgesehen, dass die theoretischen Inhalte in der Schule mit den praktischen Inhalten im Betrieb im „Gleichlauf" unterrichtet werden. Dazu wird angenommen, dass die Theorie- und Praxisanteile der Berufsausbildung in einzelne, gleich viele Teile zerlegt werden können. Diese Teile sollen dann einander ergänzend in Schule und Betrieb unterrichtet werden. Dabei werden immer die gleichen Inhalte in den einzelnen Teilen, von denen es in der Theorie und der Praxis gleich viele gibt, behandelt. Somit ist der Betrieb für die Praxis, die Durchführung, zuständig und die Schule für die geistige Durchdringung dieses Vorganges; losgelöst vom eigentlichen Tun.

Diese Art des curricularen Aufbaus ist die erste des dualen Systems. (vgl. Lipsmeier 1988, S. 89) Als Beispiel sind daher die Lehrpläne der Weimarer Republik ab 1900 zu nennen, bei denen diese Struktur angewandt wurde. Die Lehrpläne scheinen so von außen besonders gut strukturiert und abgestimmt, sind in der praktischen Anwendung in sofern aber schlecht durchführbar, als dass der Betrieb nicht immer gerade dann das entsprechende Problem zu behandeln hat, das laut Reihenfolge gerade dran wäre. Lipsmeier (1988, S.90) nennt in seinem Aufsatz den Deutschen Ausschuss für das Erziehungs- und Bildungswesen als ein Gremium, das diese Curriculum-Struktur für nicht realisierbar bis auf einige Ausnahmen bezeichnet.

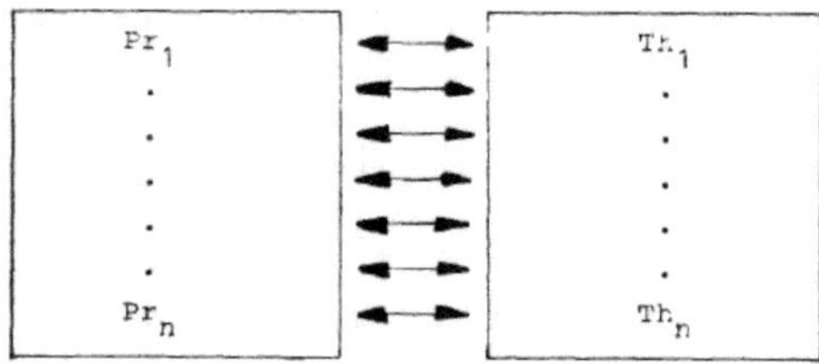

Abb. 1: Gleichlauf-Curriculum (Lipsmeier 1988, S.90)

Abgestimmtes Curriculum

Aus der Entstehung der überbetrieblichen Ausbildung in den 1970er Jahren resultierte das abgestimmte Curriculum. Hierbei wird davon ausgegangen, dass es eine gemeinsame Zone gibt, in der Theorie und Praxis vermischt unterrichtet werden. Der restliche Inhalt aus Theorie und Praxis wird weiterhin auf die Schule und den Betrieb verteilt. Bei diesem Curriculum wird auf den Gleichlauf der Inhalte weitgehend verzichtet. (vgl. Lipsmeier 1988, S. 91)

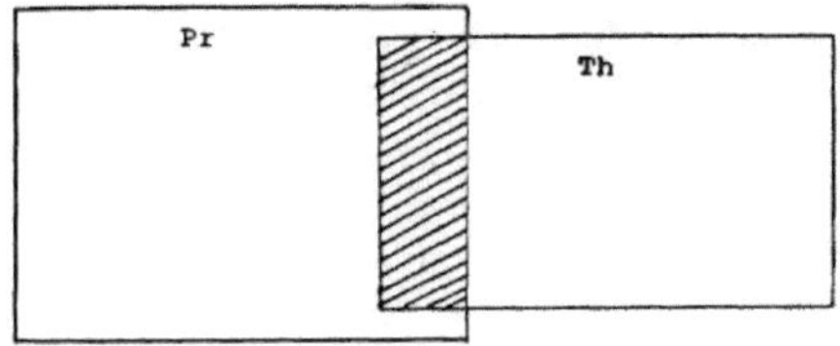

Abb. 2: Abgestimmtes Curriculum (Lipsmeier 1988, S.92)

Differenz-Curriculum

Obwohl seit 1969 im Berufsbildungsgesetz festgeschrieben, ist es erst seit der Ausbildungsplatzknappheit richtig ins Bewusstsein getreten, dass die Betriebe die vollständige Verantwortung für eine „vollständige und planmäßige Berufsausbildung" (Lipsmeier 1988, S.92) tragen. So kam es bei der Neuordnung der Metallberufe erstmals zu einer Curriculum-Struktur, die Lipsmeier „Differenz-Curriculum" nennt. Dabei definiert die Wirtschaft das, was der Betrieb inhaltlich nicht leisten kann als „Restcurriculum", das in der Berufsschule gelehrt werden soll. Da neben der Ausbildungsplatzknappheit außerdem eine Bestrebung hin zu wissenschaftlichem Vorgehen und Lernen ging, wurde dem „Restcurriculum" ein allgemeinbildender Lernbereich hinzugefügt.

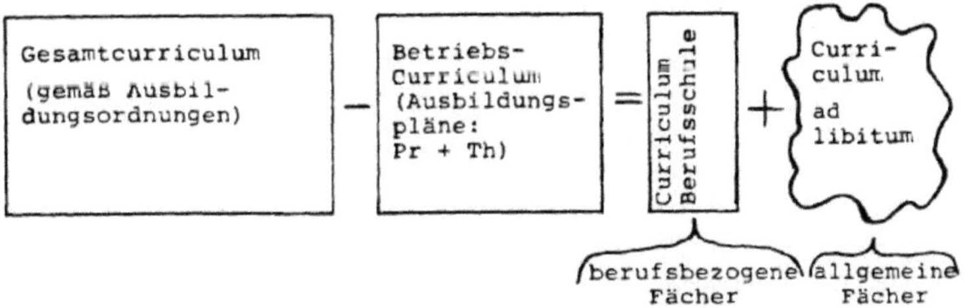

Abb. 3: Differenz-Curriculum (Lipsmeier 1988, S. 93)

Autonomes Curriculum

Die Berufsschule wurde zu jener Zeit also stark in ihrer Bedeutung heruntergestuft. Daher macht Lipsmeier in seinem Aufsatz (1988, S. 93) einen Vorschlag zum „Autonomen Curriculum", um der Berufsschule wieder eine tragende Aufgabe zu geben. Wie schon von dem Begriff abzuleiten, stehen die Curricula für Schule und Betrieb völlig unabhängig nebeneinander. Beide Lernorte legen hierbei, jeweils für sich genommen, theoretische und praktische Inhalte fest.

Solche Ansätze sind bereits in der „Frankfurter Methodik" nach 1945 zu erkennen, bei der die Schule einen eigenen, vom Betrieb völlig losgelösten Lehrplan für ihren Unterricht zugrunde legte. Auch damals wurden verschiedene Praxisanteile in die Schule verlegt, um Sachverhalte in einem sinnvollen Kontext vermitteln zu können.

Der Vorschlag von Lipsmeier beschränkt sich vor allem auf die Ausgestaltung des Curriculums für die Berufsschule, da die Betriebe „schon seit längerem die autonome Berufsausbildung „gefahren"" (Lipsmeier 1988, S. 91) haben. Es soll ein Gesamtunterricht entstehen, in dem allgemeinbildende und berufsbezogene Inhalte gemeinsam unterrichtet werden, aber die Fächerstrukturen nicht ganz aufgelöst werden. Damit soll komplexes und problemorientiertes Denken im Berufsschulunterricht Einzug halten. Am liebsten wäre Lipsmeier die Einbeziehung einer „Produktionsschule". Die Arbeit soll dadurch auch in der Schule stattfinden und nicht nur ein theoretisches Gebilde sein. Diese „Produktionsschule" schließt er aber aufgrund der schweren Realisierbarkeit wieder aus und stellt sich eher ein sukzessives Vorgehen vor, um die Berufsschule umzustrukturieren[1]. Dabei fordert er neben der autonomen Bestimmung des Curriculums einen sozial-politischen Unterricht, Implementation von Schulberufen, das Hereinholen von konkreter, realer Arbeit sowie eine Kooperation zwischen gewerblich-technischer und kaufmännisch-verwaltender Berufsausbildung. Damit sagt Lipsmeier damals schon das voraus, was erst heute langsam Realität wird.

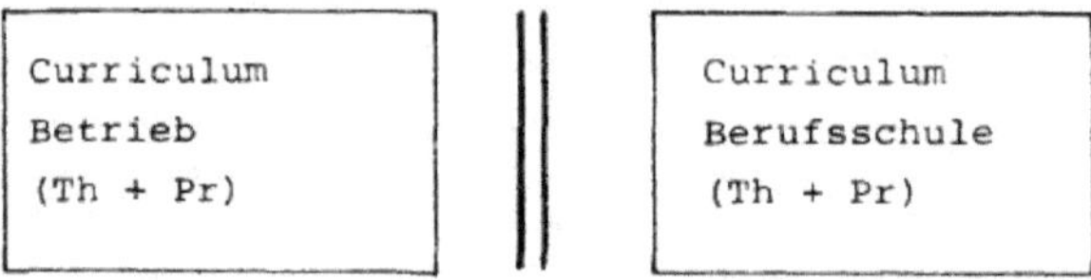

Abb. 4: Autonomes Curriculum (Lipsmeier 1988, S.94)

Heutige Curriculumstrukturen

Für die Ansätze in den aktuell gültigen Lehrplänen gibt es keine konkrete Bezeichnung. Ich würde sie als eine Mischung aus dem Autonomen und dem Gleichlauf-Curriculum ansehen. Die gleichen Inhalte werden ungefähr gleichzeitig in Betrieb und Schule gelehrt, dabei werden Praxis und Theorie auf gar keinen Fall getrennt betrachtet. Die Schule soll ihren Unterricht handlungsorientiert und projektbezogen (vlg. KMK 1996 und 2000, S.10) gestalten, so dass die Arbeit und ihre Geschäftsprozesse[2] auch Gegenstand der berufsschulischen Ausbildung sind und als Grundlage für die Gestaltung der Lernfelder dienen sollen (vlg KMK 1996 und 2000, S.14). Trotzdem bleibt die Berufsschule die Institution, welche die berufliche Ausbildung um die theoretischen und komplexeren Inhalte ergänzt, damit Zusammenhänge der späteren Facharbeit besser verstanden werden können. Dazu werden die Fächerstrukturen weitestgehend aufgelöst und verschiedene Inhalte aus verschiedenen Lernfeldern können gemeinsam im sinnvollen Sachkontext gleichzeitig behandelt werden. Wichtig ist hierbei also eine Orientierung an der Arbeit und damit an Geschäftsprozessen.

---

[1]   Am Rande: Interessant fand ich dabei zwei Punkte, die der heutigen Aufstellung des Regionalen Bildungszentrums sehr nahe kommen. (z.B. „„…Ausbau der beruflichen Weiterbildung an beruflichen Schulen … , Öffnung der beruflichen Schulen für die technischen, ökonomischen und sozialen Bedürfnisse einer Region," (Lipsmeier 1988, S. 97))

[2]   Geschäftsprozesse werden verstanden als Abarbeitung eines Kundenauftrages vom Angebot bis zur Übergabe an den Kunden; vgl. hierzu auch die Definition von Geschäftsprozessen im Zusammenhang mit dem GAPHA-Modell; vlg. hierzu Petersen 2005, S. 166

3   Wandel der Abstimmung zwischen Schule und Betrieb

In diesem Kapitel soll der Wandel konkret an vier Ausbildungsberufen aus dem Bereich ET/IF untersucht werden, indem die Verordnung und der Rahmenlehrplan nebeneinander betrachtet werden. Dabei sollen Gemeinsamkeiten und mögliche Abstimmungen zwischen den Inhalten und der zeitlichen Abfolge der Inhalte aufgedeckt werden. Zusätzlich sollen die Curriculum-Strukturen sowie die Theorie- und Praxisanteile mit ihrer entsprechenden Verortung in den Lernorten festgehalten werden. Als Maßstab soll hierbei das Ergebnisprotokoll über die Abstimmung der Rahmenlehrpläne und Ausbildungsverordnungen der KMK (KMK 1972) und für die späteren Jahrgänge ab 1996 zusätzlich die Handreichungen für die Erarbeitung von Rahmenlehrplänen der KMK (KMK 1996 (Stand 2000)) dienen.

Am liebsten wäre mir gewesen, eine Untersuchung anhand eines Ausbildungsberufes und seiner Vorgänger bzw. Nachfolger durch die Neuordnungsphasen durchzuführen. Doch es war leider nicht möglich, Lehrpläne für solch eine komplette „Linie" von Ausbildungsberufen zu finden. Daher habe ich mich entschieden, jeweils einen Ausbildungsberuf aus den Neuordnungen von 1972, 1987, 1997 und 2003 zu untersuchen und daraus die entsprechenden Schlüsse zu ziehen. Für 1972 wird für die Berufsschulseite die Übersicht über den Berufsschulunterricht von Herrn Petersen auf Grundlage der HKM Wiesbaden (HKM 1978) und die Verordnung und ihre Änderung über die Berufsausbildung in der Elektrotechnik (BMWi 1973) gewählt. Für 1987 habe ich mich, auch auf Grund der zur Verfügung stehenden Unterlagen, für den Elektroinstallateur aus dem Handwerk[3] (KMK 1987 und BMWi 1987), für 1997 für den IT-Systemelektroniker (KMK 1997 und BMWi 1997) und für 2003 für den Systeminformatiker (KMK 2003 und BMWA 2003) entschieden.

3.1   Elektroberufe nach 1972

3.1.1   Neuordnung 1972

Insgesamt wurden bei dieser Neuordnung sieben neue Ausbildungsberufe entwickelt. Das neue an diesen Ausbildungsberufen war die Einteilung in Stufen. Das heißt, dass nach jeder der beiden Fachstufen ein eigener Facharbeiterabschluss gemacht wurde. Dabei wurde davon ausgegangen, dass die Inhalte im ersten Ausbildungsjahr für alle sieben Ausbildungsberufe gleich seien. Daraus resultierend, gab es in Schleswig-Holstein einen Lehrplan für die so genannte Grundstufe in Nachrichtentechnik[4]. Darauf folgte eine zum Teil gemeinsame, zum Teil getrennte Fachstufe 1, die mit fünf eigenständigen Berufsbezeichnungen abgeschlossen wurde. Dazu gab es fünf eigenständige Lehrpläne für z.B. den Nachrichtengerätemechaniker oder Elektrogerätemechaniker. Für die zweite Fachstufe, der wiederum eigene Lehrpläne zugrunde lagen, mussten neue Ausbildungsverträge abgeschlossen werden. Oft wurden die Verträge jedoch nicht verlängert, so dass viele Auszubildende nach der ersten Fachstufe ihre Ausbildung beenden mussten. Hatten die Jugendlichen eine Zusage für die zweite Fachstufe, so konnte z.B. der Nachrichtengerätemechaniker wiederum zwischen drei verschiedenen Ausbildungsberufen wählen.

---

[3]   Obwohl dieser Ausbildungsberuf einer anderen Grundlage (nämlich „Fachlichen Vorschriften" aus den Jahren 1964-67) als die industriellen Ausbildungsberufe entbehren, blieb mir auf Grund der sonst fehlenden Rahmenlehrpläne bzw. Verodnungen nichts besseres übrig, als einen Handwerksausbildungsberuf unter die sonst ausschließlich aus dem Industriebereich gewählten Ausbildungsberufe zu mischen. Im Abschnitt 3.2.2 finden sich weitere Erläuterungen dazu.

[4]   In der Dokumentations-Datenbank des IDM der Universität Bielefeld (http://idm.openisis.org/openisis/idm) findet man einen Eintrag zu diesem und anderen Lehrplänen aus Schleswig-Holstein; es war jedoch auf Anfrage bei der Universität nicht möglich solch einen Plan zu erhalten.

Wie in Kapitel zwei beschrieben, wurde während dieser Ausbildung oft eine überbetriebliche Lernwerkstatt neben den Lernorten Schule und Betrieb besucht. Dazu wurde das Curriculum zwischen der Schule, dem Betrieb und der überbetrieblichen Ausbildung abgestimmt, jedoch auf einen Gleichlauf weitgehend verzichtet. (vlg. Lipsmeier 1988, S. 91)

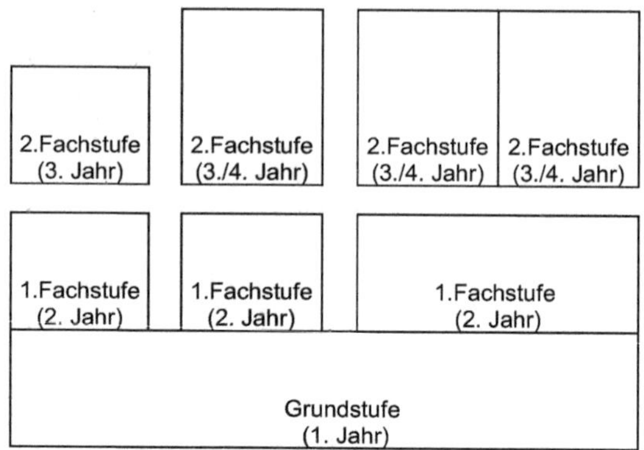

Abb. 5: Neuordnung 1972

3.1.2 Vergleich einer Verordnung und eines Rahmenlehrplans

Der Unterricht in der Schule fand in berufsbezogenen Lehrgängen statt, die jeweils einen thematischen Schwerpunkt hatten. Durch diese Lehrgänge entstand ein „Baukastensystem" (Faust, Höfler 1973, S.350), mit dem die Ausbildung in der Schule ein Stück weit modularisiert wurde. Es entstanden vertikale Wiederholungen[5] innerhalb der Schule, die vor allem im Zusammenhang mit dem Mathematikunterricht allgemeinbildender Schulen als Spiralcurriculum[6] bezeichnet werden. Dazu gab es eine Lernzielorientierung, welche die bloße Auflistung von Stoffkatalogen aus den Reichslehrplänen der Weimarer Republik ersetzte. Es wurden Richt-, Grob- und Feinziele formuliert, denen eine unterschiedliche Gewichtung zukommt. Richtlernziele sollen die Ausgestaltung des Rahmenlehrplans darstellen, die Grob- und Feinlernziele sind für die Formulierung zu Lernobjekten zu verwenden. (vgl. Faust; Höfler 1973, S. 351)

In der Verordnung über die Berufsausbildung in der Elektrotechnik von 1972 (BMWi 1972) fällt auf, dass sämtliche Anteile des Berufsbildes in ihrer Ausformulierung im Ausbildungsrahmenplan immer zwischen Kenntnissen und Fertigkeiten unterscheiden und jeweils einzelne Punkte aufzählen. Es wird also sehr deutlich eine Trennung zwischen Theorie und Praxis wahrgenommen. Meist stehen bei den Kenntnissen mehr Anforderungen als bei den Fertigkeiten, so dass ich daraus schließen möchte, dass die Theorie hier eine größere Gewichtung findet. Also wird selbst im Betrieb, in dem heutzutage eine reine Praxisorientierung erfolgt, die Theorie groß geschrieben. Zu Beginn des Ausbildungsrahmenplanes steht ein Hinweis, dass die Lehrinhalte, die im Wesentlichen der Berufsschule zuzuordnen sind, „fachpraktisch orientiert" (BMWi 1972, S. 2386) sein sollen. So findet sich auch an dieser Stelle wieder der Hinweis auf einen großen theoretischen Anteil im Betrieb.

Im „Besonderen Teil des Ausbildungsberufsbildes für Elektroanlageninstallateure" (BMWi 1972, S. 2393) werden teilweise die Berufsbildpositionen aus der Grundstufe erneut aufgegriffen

---

[5]   s. auch die Eläuterungen zu den Ausbildungsrahmenplänen weiter unten
[6]   vlg. Jerome Bruner ca. 1960

und mit vertiefenden und für diesen Ausbildungsberuf bedeutenden Inhalten bestückt. Daran ist die oben erwähnte vertikale Wiederholung zu erkennen.

Über eine Zusammenarbeit zwischen Schule und Betrieb kann ich nach der Analyse dieser wenigen, mir zur Verfügung stehenden, Informationen keine Aussage treffen. Doch möchte ich meinen, dass die Berufsschule nur einen nebensächlichen Part spielt, welche die Auszubildenden begleitet. Denn der Hauptteil der Ausbildung findet nicht nur zeitlich sondern auch sachlich mit gleichermaßen praktischen wie theoretischen Inhalten in den Betrieben statt.

3.2 Elektroinstallateur nach 1987

3.2.1 Neuordnung 1987

Bei dieser Neuordnung wurde die Stufenausbildung mit eigenen Abschlüssen nach einem bzw. zwei Ausbildungsjahren nicht weiter verfolgt, da nach der ersten Stufe noch keine Facharbeiterqualifikationen gegeben waren. Die Berufe der zweiten Stufe hatten sich jedoch bewährt und sollten in dieser Instanz weiter entwickelt und organisatorisch umgestaltet werden. (vgl. Borch; Weißmann 1995, S. 2)

Jeder der vier neuen industriellen elektrotechnischen Ausbildungsberufe hatte vom ersten bis zum vierten Ausbildungsjahr eine eigene Ausbildungsverordnung und einen eigenen Rahmenlehrplan. Die Berufsbezeichnungen wurden für alle Berufe der Industrie vereinheitlicht. Sie enden alle auf „-elektroniker". Um weiterhin alle Bereiche der Elektrotechnik mit verschiedenen Berufen abdecken zu können, wurden für zwei Berufe zwei Fachrichtungen und für einen Beruf drei Fachrichtungen eingeführt.

Im ersten Ausbildungsjahr wurde immer noch eine berufsfeldbreite Grundbildung gelehrt, die für alle Berufe gleich war, doch kam ab dem zweiten Ausbildungsjahr eine berufliche Fachbildung für den eigenen Ausbildungsberuf hinzu. Im dritten und vierten Ausbildungsjahr wurden dann die speziellen Fachrichtungen des Berufs behandelt. Die Dauer der Ausbildung betrug für alle Berufe 42 Monate und die Ausbildungsverträge wurden nun immer für dreieinhalb Jahre abgeschlossen. Ein fünfter Beruf ohne Fachrichtung kam 1992 mit dem gleichen Grundbildungsjahr hinzu. Der Berufsschulunterricht wurde von acht auf zwölf Stunden pro Woche erweitert. (vgl. Apel 1987, S. 87)

Im Handwerk wurde weiterhin eine Grundbildung im ersten Ausbildungsjahr und darauf folgend eine Fachbildung im restlichen Verlauf der Ausbildung gelehrt. Ansonsten ist die Neuordnung den Eckpunkten der Industrie gefolgt: 3, 5 Jahre Ausbildungszeit und 12 Stunden Berufsschulunterricht. (vgl. Apel 1987, S. 87)

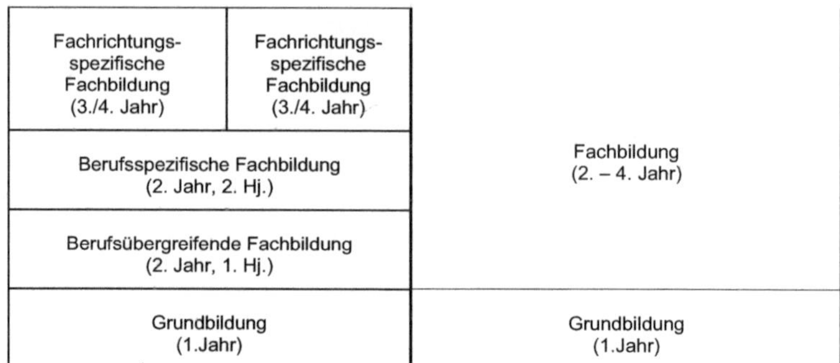

Abb. 6: Neuordnung 1987 (links Industrie, rechts Handwerk)

3.2.2   Vergleich einer Verordnung und eines Rahmenlehrplans

Da die Ausbildungsberufe in Industrie und Handwerk laut der Untersuchung von Borch und Weißmann eine hohe Ähnlichkeit aufweisen, ist der eine handwerkliche Beruf in meiner Untersuchungsreihe kein großes Problem. „Der wesentliche Unterschied der industriellen und handwerklichen Ausbildung besteht darin, daß in der handwerklichen Grundbildung bereits komplexere und typische Arbeitsanforderungen mit dem Inbetriebnehmen und Instandhalten von Baugruppen und Geräten enthalten sind. [...] So werden diese Berufe über weite Strecken in der Schule gemeinsam ausgebildet." (Borch; Weißmann 1996, S.3)

Neu waren in diesen KMK-Rahmenlehrplänen die Einteilung in Lerngebiete, Lernziele, Lerninhalte und zugehörige Zeitrichtwerte. „L e r n g e b i e t e sind thematische Einheiten, die unter fachlichen und didaktischen Gesichtspunkten gebildet werden; sie können in Abschnitte gegliedert sein." (KMK 1987, S. 40) Die Lerngebiete des Rahmenlehrplans sind stark mit theoretischen Inhalten gefüllt. In der oben zitierten Wirkanalyse von Borch und Weißmann (1996) herrschte eine starke Kritik an den Lehrplänen, da weder ausreichend Fortbildungen angeboten wurden, um die fülle an Theorie und neuer Technologie zu bewältigen, noch die Umsetzung des handlungsorientierten Unterrichts, den die Berufsschullehrer gerne durchführen wollten, wegen des Schulstundentaktes möglich war. (vgl. Borch; Weißmann 1996, S. 6)

In der betrieblichen Ausbildung wurde z.B. bemängelt, dass „viele anspruchslose und Routinearbeiten, stupides Arbeiten an den Lochblechen [...] „ und „zu wenig selbständiges Arbeiten" (Borch; Weißmann 1996, S. 8) die Ausbildung dominieren. Bemerkenswert finde ich die häufige Erwähnung des Kunden oder die Platzierung der Arbeitsplanung und –organisation in den Ausbildungsrahmenplan. Die Fertigkeiten und Kenntnisse sind in diesem Ausbildungsrahmenplan nicht mehr einzeln aufgelistet, sondern werden als Einheit betrachtet.

Für die konkrete Gegenüberstellung von Verordnung und Rahmenlehrplan wurde die folgende Tabelle erstellt. In dieser sind zunächst links die Berufsbildpositionen eingetragen worden, so dass die Inhalte aus dem Rahmenlehrplan zugeordnet werden konnten. Jedes Ausbildungsjahr ist vom nächsten durch einen dicken Strich getrennt. Bei Übereinstimmungen in den Inhalten ist ein „~"(ungefähr)–Zeichen zwischen die Spalten eingefügt.

Elektroinstallateur

Ausbildungsrahmenplan	Pos.	Dauer in Wochen	~?	**Rahmenlehrplan (KMK)**	Dauer in Stunden
1. Berufsbildung					
2. Aufbau und Organisation des Ausbildungsbetriebes		über gesamte Dauer der Ausbildung verteilt			
3. Arbeits- und Tarifrecht, Arbeitsschutz					
4. Arbeitssicherheit, Umweltschutz, Datenschutz und rationelle Energieverwendung			~	1.4 Einführung in Schutzmaßnahmen	30
5. Lesen und Anwenden technischer Unterlagen					
6. Umgang mit Kunden, Beraten von Kunden		4+4		Der Umgang mit Kunden fehlt in der schulischen Ausbildung.	
7. Planen des Arbeitsablaufs, Disponieren von Werkzeugen, Materialien und Ersatzteilen		4		Planung und Organisation von Arbeit fehlt in der Schule im ersten Ausbildungsjahr ebenfalls	
8. Bearbeiten von Werkstoffen		3	~	1.7 Einführung in die Werkstoffe, Werkstoffbearbeitung und Leitungsarten	30
9. Zusammenbauen mechanischer, elektromechanischer, elektrischer und elektronischer Baugruppen und Geräte		9	~		50
				1.3 Einführung in die Elektronik	
10. Installieren von Leitungen und sonstigen Betriebsmitteln		4	~	1.3 Einführung in die Elektronik	50
11. Messen elektrischer Größen		4	~	1.5 Einführung in die Meßtechnik	50
12. Inbetriebnehmen von Baugruppen und Geräten		4	~	1.4 Einführung in Schutzmaßnahmen	30
13. Warten, Inspizieren und Instandsetzen		4			
Berufsbildpositionen 14-18 werden je nach Schwerpunkt des Betriebes vermittelt (12 Wochen)		12			
14. Installieren, Prüfen, Inbetriebnehmen und Instandhalten von Energieverteilungsanlagen					
15. Installieren, Prüfen, Inbetriebnehmen und Instandhalten von Melde- und Signalanlagen sowie von Fernwirkanlagen					
16. Installieren, Prüfen, Inbetriebnehmen und Instandhalten von Antennen- und Breitbandkommunikationsanlagen					
17. Installieren, Prüfen, Inbetriebnehmen und Instandhalten von Erdungs- und Blitzschutzanlagen sowie von Potentialausgleichsanlagen					
18. Installieren, Prüfen, Inbetriebnehmen, Instandhalten und Programmieren von Meß-, Steuer- und Regelungsanlagen					
				außerdem:	
				1.1 Einführung in die Elektrotechnik	90
				1.2 Einführung in die Steuerungs- und Digitaltechnik	40
				1.6 Einführung in das Technische Zeichnen	3

Ausbildungsrahmenplan	Pos.	Dauer in Wochen	~	Rahmenlehrplan (KMK)		Dauer in Stunden
19. Anschließen, Prüfen, Inbetriebnehmen und Instandsetzen von elektrischen Geräten	a-c	6				
20. Installieren, Prüfen, Inbetriebnehmen und Instandhalten von Beleuchtungsanlagen	a,b	5				
23. Installieren von Anlagen der Prozeßleittechnik sowie Analysieren und Beheben von Störungen	a,b	2	~	2.7 Steuerungstechnik		40
24. Anschließen, Prüfen und Inbetriebnehmen von Be- und Verarbeitungsmaschinen sowie Be- und Verarbeitungsanlagen	a,b	2	~	2.4 Drehfeldmaschinen, 2.5 Gleichrichtung und Spannungsstabilisierung		40, 20
				außerdem:		
				2.1 Kondensator und Spule		30
				2.2 Wechselstromkreis		50
				2.3 Dreiphasenwechselstrom		20
				2.6 Digitale Schaltungstechnik		40
				2.8 Elektrische Anlangen und Schutzmaßnahmen (Teil 1)		40
19. Anschließen, Prüfen, Inbetriebnehmen und Instandsetzen von elektrischen Geräten	d-f	8	~	3.1 Elektrische Anlange und Schutzmaßnahmen (Teil 2)		150
20. Installieren, Prüfen, Inbetriebnehmen und Instandhalten von Beleuchtungsanlagen	c-e	6	~	3.1 Elektrische Anlange und Schutzmaßnahmen (Teil 2)		150
21. Installieren, Prüfen, Inbetriebnehmen und Instandhalten von Ersatzstromversorgungsanlagen		4	~	3.1 Elektrische Anlange und Schutzmaßnahmen (Teil 2)		150
22. Installieren, Prüfen, Inbetriebnehmen und Instandhalten von Kompensationsanlagen		4	~	3.1 Elektrische Anlange und Schutzmaßnahmen (Teil 2), Automatisierungstechnik	3.5	150, 140
23. Installieren von Anlagen der Prozeßleittechnik sowie Analysieren und Beheben von Störungen	c,d	8	~	3.5 Automatisierungstechnik		140
24. Anschließen, Prüfen und Inbetriebnehmen von Be- und Verarbeitungsmaschinen sowie Be- und Verarbeitungsanlagen	c-f	10	~	3.5 Automatisierungstechnik		140
				außerdem:		
				3.2 Transformatoren		30
				3.3 Gleichstrommotoren		40
				3.4 Leistungselektronik		60

Tab. 1: Elektroinstallateur nach 1987

Im ersten Ausbildungsjahr werden fast alle Inhalte von Schule und Betrieb gleichermaßen behandelt. Die Wortwahl „Einführung in…" im Rahmenlehrplan lässt zunächst an eine Grundbildung denken. Je höher man in den Ausbildungsjahren kommt, desto mehr meine ich, einen sehr theoretisch belasteten Lehrplan vorzufinden, der viele „Einzelteile" behandelt. Er erinnert an den Aufbau eines technischen Studiums, da zum einen der Betrieb und sein Umfeld keine Erwähnung finden. Zum anderen ist der Zusammenhang zur Arbeit eines Facharbeiters hier nicht zu erkennen. Somit werden die Punkte 1-7 des Berufsbildes nur im Bereich der Arbeitssicherheit in der Schule abgedeckt. Dafür findet eine grundlegende Einführung in Elektrotechnik, Steuerungs- und Digitaltechnik und technische Zeichnungen betreffend statt. Alle anderen Punkte des Berufsbildes (8-12) werden in der Schule ergänzt. Wird im Ausbildungsrahmenplan von auswählen, zurichten, feilen, biegen, installieren und einschätzen gesprochen, so findet man im Rahmenlehrplan schwerpunktmäßig nur Verben wie erläutern, beschreiben, nennen und lesen. Daran ist die Aufteilung von Theorie und Praxis recht gut zu erkennen, wie ich meine.

Im zweiten Ausbildungsjahr sind kaum noch Übereinstimmungen in den Inhalten zu finden. Die Lerngebiete der Schule sind wieder Schlagwörter einzelner Themengebiete der Elektrotechnik und beinhalten viele theoretische Inhalte. Der Ausbildungsrahmenplan hingegen hat eine starke Ausprägung in Bezug auf die Praxis. Er enthält das Kundengespräch, die Auswahl der Komponenten und das Installieren sowie das Prüfen der Arbeit. Die Facharbeit ist in den Fertigkeiten und Kenntnissen der Berufsbildpositionen gut zu erkennen.

Im dritten bzw. vierten Ausbildungsjahr sind durch die beiden Lerngebiete „Elektrische Anlagen und Schutzmaßnahmen (Teil 1)" und die „Automatisierungstechnik" des Rahmenlehrplans die Ausbildungsberufsbildpositionen inhaltlich gut abgedeckt. Doch die Aufteilung in Theorie und Praxis bleibt auch hier bestehen.

Meine Vermutungen, dass die Theorie von der Schule übernommen wird und die Betriebe die Ausbildung im Bereich der Praxis übernehmen, wird von der Wirkstudie von Borch und Weißmann bestätigt. „Im Verständnis vieler kleiner und mittlerer Ausbildungsbetriebe hat die Berufsschule hauptsächlich die Funktion, die für die Prüfung notwendige Theorie zu vermitteln, da sie sich selbst dazu nicht in der Lage sehen." (Borch; Weißmann 1987, S.9) Bei den größeren Unternehmen ist teilweise eine eigene theoretische Ausbildung hinzugekommen. Die Berufsschullehrer reagieren in ihrem Unterricht mit einer Orientierung an den betrieblichen Bedürfnissen oder mit einer starken Wissenschaftspropädeutik, wie ich sie auch im Lehrplan entdeckt habe. (vgl. Borch; Weißmann 1987, S. 9) So kann man in dieser Struktur gut die Bestandteile des Differenz-Curriculums, wie es Lipsmeier (vgl. Lipsmeier 1988, S. 15) beschrieben hat, wieder finden: Der Ausbildungsrahmenplan und der Rahmenlehrplan bilden das Gesamtcurriculum, das der Auszubildende lernen soll. Die Berufsschule deckt daraus die Differenz ab, welche die Betriebe nicht leisten können.

3.3   IT-Systemelektroniker

3.3.1   Neuordnung 1997

Schon seit der Neuordnung 1987 sollen Ausbildungsberufe geschaffen werden, die den neuen Technologien gerecht werden. Aufgrund der beiden auseinander driftenden Trends der „Generalisierung und Spezialisierung" (Ehrke 1997, S.6) in diesem Arbeitsbereich wurden die hier entstandenen, dreijährigen Ausbildungsberufe je zur Hälfte auf die Kernqualifikation und Fachqualifikation gestellt. (vgl. Ehrke 1997) Die Kernqualifikationen verbinden die vier Ausbildungsberufe. Durch die Verteilung der Kernqualifikation abnehmend und der Fachqualifikation zunehmend über die gesamte Ausbildungsdauer und Ausbildungsinhalte, entfernte sich diese Neuordnung komplett von der gestuften Ausbildung und orientierte sich damit stark an den 1996 von der KMK herausgegebenen „Handreichungen für die Erarbeitung von Rahmenlehrplänen der KMK für den berufsbezogenen Unterricht in der Berufsschule und ihre Abstimmung mit Ausbildungsordnungen des Bundes für anerkannte Ausbildungsberufe." (KMK 1996 und 2000) Damit wurde der Aufbau der Rahmenlehrpläne und die Einteilung der Lerninhalte in Lernfelder (LF) vorgegeben. Diese beschreiben thematische Einheiten, „die an beruflichen Aufgabenstellungen und Handlungsabläufen orientiert sind." (KMK 1996 und 2000, S.14)

Eine dritte Neuerung sind die anders gearteten Prüfungen. Neben der üblichen Abschlussarbeit wird ein Projekt im Betrieb durchgeführt, schriftlich ausgearbeitet und vor dem Prüfungsausschuss präsentiert und anschließend in einem Fachgespräch verteidigt.

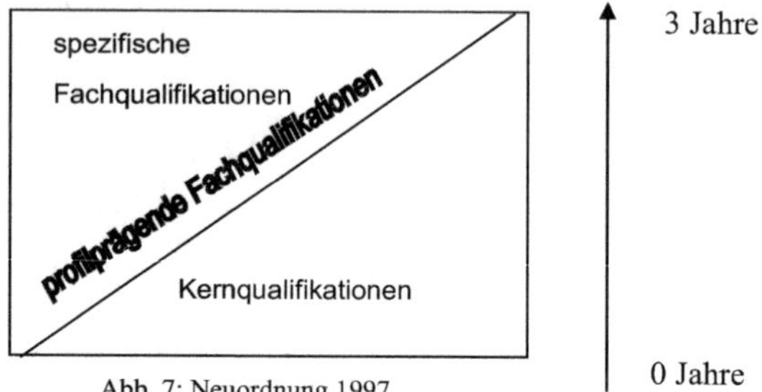

Abb. 7: Neuordnung 1997

3.3.2 Vergleich einer Verordnung und eines Rahmenlehrplans

Durch die oben erwähnten neuen Handreichungen bekamen die Rahmenlehrpläne also eine völlig neue Struktur. Neben den allgemeinen Teilen I-IV, die z.B. Auskunft über Bildungsauftrag der Berufsschule und didaktische Grundsätze geben, ist auch die Gliederung des eigentlichen Unterrichtinhaltes durch die Struktur der Lernfelder neu. Bei der Gestaltung des Unterrichtes gibt es eine klare Forderung nach handlungsorientiertem Unterricht und Förderung von Kompetenzen, die den Auszubildenden dazu befähigen sollen, eigenverantwortlich zu „Handeln in beruflichen, gesellschaftlichen und privaten Situationen." (KMK 1996 und 2000, S.9)

Die größte Änderung im Ausbildungsrahmenplan ist die Aufteilung der zeitlichen Gliederung. Sicher wurden auch in den 1987er Rahmenplänen Zeitrichtwerte angegeben, jedoch ist die Aufteilung hier noch differenzierter gewählt. Die Ausbildungsjahre werden in Zeiträume eingeteilt, in denen aus einigen verschiedenen Berufsbildpositionen Teile zu behandeln waren. In wieweit diese Zeiträume auch inhaltlich zu den behandelten Lernfeldern passen, soll die Analyse zeigen.

Ich möchte bei dem Vergleich der Curricula wieder so vorgehen, dass ich zunächst die Inhalte des Ausbildungsrahmenplans nach den Zeiträumen der zeitlichen Gliederung nacheinander aufliste und dann die Inhalte der Lernfelder versuche zuzuordnen.

IT-Systemelektroniker

Ausbildungsrahmenplan	Lern-ziel	Dauer in Mon.	~	Rahmenlehrplan (KMK)	Dauer in Std
4.1 Einsatzfelder und Entwicklungstrends	a				
4.2 Systemarchitektur, Hardware und Betriebssysteme					
4.3 Anwendungssoftware		3 bis 5	~	LF 4: Einfache IT-Systeme	120
5.3 Installieren und Konfigurieren				LF 7: Vernetzte IT-Systeme	40
6.2 ergonomische Geräteaufstellung	b,c				
7.1 Montagetechnik					
7.2 Stromversorgung, Schutzmaßnahmen	c-e, g				
2.1 Leistungserstellung und -verwertung	a, c, d	2 bis 4	~	LF 1: Der Betrieb und sein Umfeld	20
2.4 Markt- und Kundenbeziehungen	c, f, g				
2.5 Kaufmännische Steuerung und Kontrolle	a, d	3 bis 4	~	LF 6: Entwickeln und Bereitstellen von Anwendungssystemen	40
5.2 Programmiertechniken					
1.1 Stellung, Rechtsform und Struktur,					
1.2 Berufsbildung, Arbeits- und Tarifrecht	a, b, e-g				
1.3 Sicherheit und Gesundheitsschutz bei der Arbeit				LF 1: Der Betrieb und sein Umfeld	20
1.4 Umweltschutz		1 bis 2	~	LF 2: Geschäftsprozesse und betriebliche Organisation	40
2.2 Betriebliche Organisation	a-c			LF 3: Informationsquellen und Arbeitsmethoden	40
3.1 Informieren und Kommunizieren					
3.2 Planen und Organisieren	a-c,g				
3.3 Teamarbeit					
				außerdem:	
				LF 5: Fachliches Englisch	20
2.1 Leistungserstellung und -verwertung	b				
2.2 Betriebliche Organisation	d				
2.3 Beschaffung					
2.4 Markt- und Kundenbeziehungen	a, b, d, e				
2.5 Kaufmännische Steuerung und Kontrolle	b, c				
3.2 Planen und Organisieren	d-f				
4.1 Einsatzfelder und Entwicklungstrends	b-d				
5.1 Ist-Analyse und Konzeption		3 bis 5	~	LF 8: Markt- und Kundenbeziehungen	40
sowie in Verbindung damit:					
1.4 Umweltschutz	b-d				
2.4 Markt- und Kundenbeziehungen	g				
2.5 Kaufmännische Steuerung und Kontrolle	a,d				
3.1 Informieren und Kommunizieren					

Ausbildungsrahmenplan	Lern-ziel	Dauer in Mon.	~	Rahmenlehrplan (KMK)	Dauer in Std
4.4 Netze, Dienste					
7.2 Stromversorgung, Schutzmaßnahmen	a,b,f,h-k				
7.4 Netzwerke					
sowie in Verbindung damit:				LF 7: Vernetzte IT-Systeme	140
1.3 Sicherheit und Gesundheitsschutz bei der Arbeit		3 bis 5	~	LF 9: öffentliche Netze, Dienste	40
1.4 Umweltschutz	b-d				
3.1 Informieren und Kommunizieren	a				
3.2 Planen und Organisieren	a-c, g				
3.3 Teamarbeit					
5.5 Systempflege					
6.1 Systemkomponenten					
6.2 Ergonomische Geräteaufstellung	a			LF 6: Entwickeln und Bereitstellen von Anwendungssystemen	40
7.3 Datensicherheit, Hard- und Softwaretests		2 bis 4	~		
9 Instandhaltung				LF 7: Vernetzte IT-Systeme	140
sowie in Verbindung damit:					
1.3 Sicherheit und Gesundheitsschutz bei der Arbeit					
				außerdem:	
				LF 5: Fachliches Englisch	20
8. Serviceleistungen					
sowie in Verbindung damit:		2 bis 4	~	LF 10:Betreuen von IT-Systemen	120
9. Instandhaltung					
10 Fachaufgaben im Einsatzgebiet					
1.2 Berufsbildung, Arbeits- und Tarifrecht	c, d			LF 6: Entwickeln und Bereitstellen von Anwendungssystemen	80
sowie in Verbindung damit:					
1.3 Sicherheit und Gesundheitsschutz bei der Arbeit				LF 8: Markt- und Kundenbezieungen	20
1.4 Umweltschutz		8 bis 10	~		
2.5 Kaufmännische Steuerung und Kontrolle				LF 10:Betreuen von IT-Systemen	120
3. Arbeitsorganisation und Arbeitstechniken				LF 11: Rechnungswesen und Controlling	40
5.1 Ist-Analyse und Konzeption					
6. Systemtechnik					
7. Installation					
				außerdem:	
				LF 5: Fachliches Englisch	20

Tab. 2: IT-Systemelektroniker

Die meisten Inhalte konnten einander zugeordnet werden. Einige Lernfelder beinhalten Teile aus mehreren Zeiträumen, daher kommen sie teilweise doppelt in der rechten Spalte vor. Da die zeitliche Komponente schlecht abgeschätzt werden kann, ist die volle Stundenzahl des jeweiligen Ausbildungsjahres jedes Mal angegeben. So kann wenigstens der Anteil des einzelnen Lernfeldes an der gesamten Lehre eines Ausbildungsjahres beurteilt werden.

Die Ausbildung beginnt im Betrieb mit dem Gegenstand der Ausbildung, nämlich der ersten breit angelegten Information über IT-Systeme und der Tätigkeit als solche an IT-Systemen. Diese sind auch in der Schule Thema des größten Lernfeldes des ersten Ausbildungsjahres. Etwas im zeitlichen Ungleichgewicht stehen die Lernfelder 1-3 im Gegensatz zu den Zeiträumen 2 und 4 des ersten Jahres. Die Schule übernimmt einen größeren Teil an der Vermittlung von Rechten und Pflichten des Auszubildenden. Im Großen und Ganzen kann im ersten Jahr aber eine Abstimmung von Ausbildungsordnung und Rahmenlehrplan bescheinigt werden, da die Lernfelder und auch die Zeiträume nicht in ihrer numerischen bzw. genannten Reihenfolge stattfinden müssen, sondern in ihrer Abfolge variiert werden können. Es bleibt also eine konkrete Absprache zwischen Schule und Betrieb, falls die Inhalte auch innerhalb eines Jahres noch genauer aufeinander abgestimmt werden sollen.

Der erste Zeitraum im Ausbildungsrahmenplan im zweiten Ausbildungsjahr beschäftigt sich mit der Angebotserstellung, der Beschaffung sowie Vertragsverhandlungen mit Kunden. Diesem Zeitraum kann das LF 8 zugeordnet werden, in dem gleiche und ähnliche Inhalte behandelt werden. Der nächste Zeitraum beinhaltet neben den Netzen auch die Schutzmaßnahmen, die meiner Meinung nach zu diesem Zeitpunkt bereits bekannt sein sollten; sie sind auch schon im LF 4 und damit im ersten Ausbildungsjahr in der Schule verortet. Alle anderen Inhalte passen gut zum LF 9 und LF 7. Außerdem gehört das LF 6 zum zweiten Ausbildungsjahr. Dieses enthält Inhalte, die auch im letzten Zeitraum teilweise zu finden sind. In der Schule geht es mehr um die Anwendungsentwicklung und im Betrieb eher um das Bereitstellen von Anwendungssystemen. Doch gehören diese beiden Abschnitte insofern zusammen, als das die Software Inhalt von beiden ist. Da im Betrieb auch angepasst und instand gehalten werden soll, muss dazu die Datenbankstruktur sowie ihre Programmierung und Anwendung (LF6) durchdrungen werden. So konnten im zweiten Ausbildungsjahr alle Inhalte einander zugeordnet werden.

Das dritte Ausbildungsjahr hat die Besonderheit, dass die Berufsbildposition „Fachaufgaben im Einsatzgebiet" für jeden Betrieb unterschiedlich ist, da hier der Schwerpunkt gesetzt werden kann. Trotzdem können auch hier die Lernfelder den Zeiträumen zugeteilt werden. Die „Serviceleistungen" und „Instandhaltung" aus dem ersten Zeitraum im Betrieb können dem LF 10 zugeordnet werden. Der zweite Zeitraum ist sehr groß und umfasst Inhalte eines gesamten Geschäftsprozesses, so dass der Auszubildende hier gut auf seine spätere selbstständige Facharbeit vorbereitet wird. Die Inhalte der Lernfelder 6, 8 und 10 unterstützen dabei. Das LF 11 hilft, die Kosten- und Leistungsrechnung zu verstehen und eventuell später selbst anzufertigen. So können auch Zusammenhänge des gesamten Geschäftsprozesses, von dem die Facharbeit des einzelnen wahrscheinlich nur ein Teil ist, besser verstanden werden. Die Abstimmung zwischen Schule und Betrieb ist hier also gut gelungen.

Das fachliche Englisch wird über die gesamte Ausbildungszeit gleichmäßig verteilt, ist aber nur Inhalt des Rahmenlehrplans.

Zusammenfassend können die Inhalte aus Schule und Betrieb als gut abgestimmt bezeichnet werden. Es könnte jedoch noch besser gelöst werden, da einige Inhalte noch ein wenig auseinander driften. Der Versuch der Umsetzung der neuen Curriculumstruktur als eine Mischung aus Autonomen und Gleichlauf-Curriculum ist gut zu erkennen. Eigene Geschäftsprozesse in den einzelnen Lernfeldern oder Zeiträumen sind bei diesem Ausbildungsberuf nur selten gelungen. Der Ausbildungsrahmenplan deckt in den einzelnen Zeiträumen entweder Teile eines Geschäftsprozesses und im Einzelnen auch einen gesamten Geschäftsprozess ab. Die Lernfelder des Rahmenlehrplans bestehen nur aus einzelnen Teilen eines Geschäftsprozesses, die es bei der Umsetzung auf jeden Fall zu verbinden gilt, falls der Rahmenlehrplan den KMK-Empfehlungen (vgl. KMK 1996/2000, S. 14) genügen will.

3.4 Systeminformatiker

3.4.1 Neuordnung 2003

Auch dieser Neuordnung liegen die Handreichungen der KMK von 1996 und 2000 zugrunde. Sieben industrielle Elektroausbildungsberufe mit einer Dauer von 42 Monaten entstehen während dieser Neuordnung. Die Struktur der Ausbildungsberufe entspricht derjenigen der IT-Berufe von 1997, wobei die Fachqualifikation und die Kernqualifikation jeweils 21 Monate betragen. Auch hier werden die Inhalte an den Geschäftsprozessen orientiert und die Rahmenlehrpläne nach Lernfeldern und die Ausbildungsordnungen nach nun so genannten Zeitrahmen aufgeteilt. Dabei wird versucht eine möglichst hohe Abstimmung zwischen Schule und Betrieb herzustellen, so dass die Inhalte zeitlich eng beieinander in der Schule und im Betrieb stattfinden.

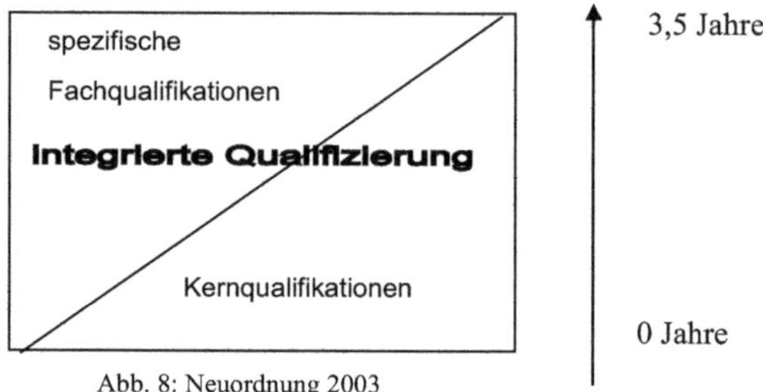

Abb. 8: Neuordnung 2003

Die Prüfungen werden noch ein wenig anders abgehalten, als bei den IT-Ausbildungsberufen. Es gibt eine „gestreckte" Prüfung, in dessen ersten Teil eine komplexe Arbeitsaufgabe mit schriftlichen Aufgabenstellungen und situativen Gesprächsphasen zum Ende des zweiten Ausbildungsjahres steht. Für den zweiten Teil zum Ende der gesamten Ausbildung gibt es zwei Varianten. Entweder wird ein konkreter „betrieblicher Auftrag" mit Dokumentation und einem anschließenden Fachgespräch durchgeführt oder es wird eine überbetrieblich entwickelte betriebsübergreifende „praktische Aufgabe" mit begleitendem Fachgespräch durchgeführt. Auch hier wird im Anschluss eine Dokumentation verlangt. (vgl. Borch; Weissmann 2003, S. 12)

3.4.2 Vergleich der Verordnung und des Rahmenlehrplans

Als erstes fällt mir auf, dass es im Rahmenlehrplan mehr Lernfelder als bei dem IT-Systemelektroniker gibt, die vor allem alle eine fachliche Beziehung haben und extra Lernfelder für z.B. „Geschäftsprozesse" und „Rechnungswesen und Controlling" herausfallen. Die Betriebsorganisation, Geschäftsprozesse und Arbeitsorganisation u.ä. sind in den ersten Lernfeldern des ersten Ausbildungsjahres untergebracht. Beim Ausbildungsrahmenplan fällt auf, dass die zeitliche Gliederung, der hier Zeitrahmen genannt wird, noch konkreter und noch aufgeschlüsselter geworden ist. In jedem Zeitrahmen soll ein eigener kleiner Geschäftsprozess abgebildet werden, so dass die Ausbildung dicht an der Arbeit orientiert ist.

Systeminformatiker

Ausbildungsrahmenplan	Pos.	Dauer in Monaten	~ ?	Rahmenlehrplan (KMK)	Dauer in Std
1. Berufsbildung, Arbeits- und Tarifrecht		während der ges. Aus-bildung	~	(Wirtschaft- und Politikunterricht, lt. KMK 1984) und über die LF verteilt	
2. Aufbau und Organisation des Ausbildungsbetriebes					
3. Sicherheit und Gesundheitsschutz bei der Arbeit					
4. Umweltschutz					
Zeitrahmen 1					
5. Betriebliche und technische Kommunikation	a,b	2 bis 4	~	LF 1: Elektrotechnische Systeme analysieren und Funktionen prüfen	80
6. Planen und Organisieren der Arbeit, Bewerten der Arbeitsergebnisse	a,b				
7. Montieren und Anschließen elektrischer Betriebsmittel	a				
8. Messen und Analysieren von elektrischen Funktionen und Systemen	a,b				
Zeitrahmen 2					
5. Betriebliche und technische Kommunikation	b,c	2 bis 4	~	LF 1: Elektrotechnische Systeme analysieren und Funktionen prüfen	80
6. Planen und Organisieren der Arbeit, Bewerten der Arbeitsergebnisse	a,c			LF2: Elektrische Installationen planen und ausführen	80
7. Montieren und Anschließen elektrischer Betriebsmittel	b-e				
9. Beurteilen der Sicherheit von elektrischen Anlagen und Betriebsmitteln	c,d				
Zeitrahmen 3					
5. Betriebliche und technische Kommunikation	b	2 bis 4	~	LF 1: Elektrotechnische Systeme analysieren und Funktionen prüfen	80
7. Montieren und Anschließen elektrischer Betriebsmittel	b,f			LF3: Steuerungen analysieren und anpassen	80
8. Messen und Analysieren von elektrischen Funktionen und Systemen	c-f				
12. Technische Auftragsanalyse, Lösungsentwicklung	d-f				

Ausbildungsrahmenplan	Pos.	Dauer in Monaten	~ ?	**Rahmenlehrplan (KMK)**	Dauer in Std
Zeitrahmen 4					
5. Betriebliche und technische Kommunikation	d-f				
6. Planen und Organisieren der Arbeit, Bewerten der Arbeitsergebnisse	h	2 bis 4	~	LF 4: Informationstechnische Systeme bereitstellen	80
10. Installieren und Konfigurieren von IT-Systemen	a-d				
14. Integrieren und Konfigurieren von Systemen	a,c				
Zeitrahmen 5					
7. Montieren und Anschließen elektrischer Betriebsmittel	g				
9. Beurteilen der Sicherheit von elektrischen Anlagen und Betriebsmitteln	a,b,e-i	1 bis 2	~	LF5: Elektroenergieversorgung realisieren und Schutzmaßnahmen prüfen	60
15. Durchführen von Systemtests	e				
Zeitrahmen 6					
5. Betriebliche und technische Kommunikation	f,g				
7. Montieren und Anschließen elektrischer Betriebsmittel	h			LF6: Schnittstellen in industriellen Systemen analysieren und Fehler lokalisieren	60
8. Messen und Analysieren von elektrischen Funktionen und Systemen	g-i	4 bis 5	~		
11. Beraten und Betreuen von Kunden, Erbringen von Serviceleistungen	c			LF7: Informationstechnische Systeme analysieren und anpassen	80
14. Integrieren und Konfigurieren von Systemen	a,f,g				
15. Durchführen von Systemtests	d,g-k				
Zeitrahmen 7					
5. Betriebliche und technische Kommunikation	i				
6. Planen und Organisieren der Arbeit, Bewerten der Arbeitsergebnisse	i,k			LF7: Informationstechnische Systeme analysieren und anpassen	60
11. Beraten und Betreuen von Kunden, Erbringen von Serviceleistungen	a	2 bis4	~		
12. Technische Auftragsanalyse, Lösungsentwicklung	c			LF 8: Softwaremodule industrieller Systeme entwickeln und dokumentieren	80
13. Erstellen von Software	b, d-f				
14. Integrieren und Konfigurieren von Systemen	c,d				
15. Durchführen von Systemtests	a,c,k				
Zeitrahmen 8					
13. Erstellen von Software	a,c	2 bis 4	~	LF 8: Softwaremodule industrieller Systeme entwickeln und dokumentieren	80
15. Durchführen von Systemtests	c				

Ausbildungsrahmenplan	Pos.	Dauer in Monaten	~ ?	Rahmenlehrplan (KMK)	Dauer in Std
Zeitrahmen 9					
5. Betriebliche und technische Kommunikation	e, h, k				
6. Planen und Organisieren der Arbeit, Bewerten der Arbeitsergebnisse	d-g, m				
11. Beraten und Betreuen von Kunden, Erbringen von Serviceleistungen	d	4 bis 5		LF 9: Software industrieller Systeme entwickeln und anpassen	80
12. Technische Auftragsanalyse, Lösungsentwicklung	a-c			LF 10: Hard- und Softwarekomponenten integrieren und im System testen	100
14. Integrieren und Konfigurieren von Systemen	b,e,i			LF 11: Vernetzte industrielle Systeme optimieren und Fehler analysieren	100
15. Durchführen von Systemtests	a,b,d,f,i,l		~		
Zeitrahmen 10					
5. Betriebliche und technische Kommunikation	l			LF 12: Prüfsysteme entwickeln und optimieren	80
6. Planen und Organisieren der Arbeit, Bewerten der Arbeitsergebnisse	l, n			LF 13: Industrielle Systeme in Betrieb nehmen und übergeben	60
11. Beraten und Betreuen von Kunden, Erbringen von Serviceleistungen	b,e,f, g	2 bis 3			
14. Integrieren und Konfigurieren von Systemen	h				
16. Technischer Service und Systemoptimierung	a-f				
Zeitrahmen 11				LF 13: Industrielle Systeme in Betrieb nehmen und übergeben	60
17. Geschäftsprozesse und Qualitätsmanagement im Einsatzgebiet		10 bis 12	~		

Tab. 3: Systeminformatiker

Das erste Ausbildungsjahr ist inhaltlich sehr gut und zeitlich gut abgestimmt. Die Zeitrahmen (ZR) des Ausbildungsrahmenplans bilden jeweils einen eigenständigen Geschäftsprozess ab. Im ersten Jahr ist es z.B. die Einrichtung eines eigenen Arbeitsplatzes mit der dazugehörigen Planung und Vorbereitung inklusive erster kleiner abschließender Messungen. Dieser erste Zeitrahmen passt inhaltlich gut zum ersten Lernfeld. Dieses erste Lernfeld habe ich zusätzlich auch den nächsten beiden Zeitrahmen zugeordnet, da auch dabei die darin behandelten Kenntnisse über betriebliche Strukturen und Kommunikation sowie Arbeitsorganisation nötig sind.

Im zweiten Ausbildungsjahr passten auch die jeweils gleichen Ziffern der Zeitrahmen und der Lernfelder inhaltlich gut zusammen. Da für mich die ZR 6 und 7 inhaltlich eng beieinander liegen, habe ich beiden das LF 7, das sich mit informationstechnischen Systemen beschäftigt, zugeordnet. Das LF 8 ist klar dem ZR 8 zugeordnet, bei dem ich die Geschäftsprozessorientierung vermisse, denn dieser Zeitrahmen enthält ausschließlich das Auswählen einer Entwicklungsumgebung, das Programmieren selbst und den Test der eigenen Software. Der Kundenkontakt /-auftrag fehlt hier gänzlich. Das LF 8 ist außerdem auch dem ZR 7 zugeordnet, da es auch dabei um Softwareanpassung geht.

Die ZR 9, 10 und 11 sind für die letzten drei Halbjahre der Ausbildung vorgesehen. Sie beinhalten zwei verschiedene Geschäftsprozesse (ZR9 und ZR10), die sich zum einen mit der Mitwirkung an größeren Projekten inklusive der Organisation von Meetings, Lösungsentwicklung, Realisierung der Aufgabe, Installation und Endabnahme und zum anderen mit technischem Support, Entstörung und Verbesserungsvorschlägen dafür beschäftigen. Der ZR 11 beinhaltet die

Durchführung, Organisation und Optimierung des Geschäftsprozesses an sich. Diesen drei Zeitrahmen stehen fünf Lernfelder aus dem dritten und vierten Ausbildungsjahr gegenüber. Mit dem ZR 11 korrespondiert das Lernfeld 13 sehr gut. Der inhaltliche Zusammenhang der Lernfelder 9-12 zu den Zeitrahmen 9 und 10 konkret herzustellen fällt schwer und doch lassen sich Übereinstimmung im Inhalt finden. Daher sind sie den beiden Zeitrahmen gemeinsam zugeordnet.

Insgesamt sind die beiden Teilcurricula gut aufeinander abgestimmt und es findet sich die von der KMK geforderte Geschäftsprozessorientierung in den meisten Punkten wieder. Auch aus den Inhalten der Lernfelder können gute Kundenaufträge und Arbeitsaufgaben generiert werden. Meine Annahmen werden von Bauer durch das folgende Zitat bekräftigt. „Die neue zeitliche Gliederung der Ausbildungsinhalte (Zeitrahmen) ist eine grundlegende Neuerung in den Ausbildungsordnungen und der Versuch, beide Curricula zeitlich und inhaltlich zu synchronisieren. […] Der Versuch der Abstimmung der Curricula geht grundsätzlich in die richtige Richtung, aber nicht weit genug." (Bauer 2004, S. 38) Bauer fordert für die perfekte Abstimmung beider Teilcurricula ein Gesamtcurriculum, in dem die Ziele für die beiden Lernorte ausdifferenziert werden. Diesen Aspekt möchte ich jedoch in dieser Seminararbeit nicht weiter untersuchen, da nur die Vergangenheit und die Gegenwart betrachtet werden soll. Die Betrachtung der möglichen zukünftigen Entwicklung wird hier bewusst nicht behandelt.

4 Zusammenfassung und Fazit

Anhand der Theorie- und Praxisanteile in Schule und Betrieb in den verschiedenen Neuordnungsphasen ist ein Wandel klar auszumachen. War bei den Elektroinstallateuren nach 1987 der Theorie- und der Praxisanteil noch klar auf die beiden Lernorte aufgeteilt, so vereinen die Schule und der Betrieb bei den Systeminformatikern deutlich Theorie und Praxis und verteilen dann neu die Theorie- und Praxisanteile.

Über die vier betrachteten Neuordnungen wurde die inhaltliche und zeitliche Abstimmung zwischen Schule und Betrieb immer differenzierter. 1972 werden Inhalte im „Baukasten"-System in viele kleine Teile geteilt und sind so zwar strukturiert in der Schule, werden aber so im Betrieb nicht einzeln vorkommen. Beim Elektroinstallateur nach 1987 ist alles ein wenig ungeordnet und es wird eher so vorgegangen, dass die Inhalte zunächst theoretisch in der Schule behandelt werden und darauf die Umsetzung im Betrieb folgt. Diese Umsetzung in die Praxis erfolgt jedoch meist auch erst ein halbes Jahr später, so dass davon ausgegangen werden kann, dass es für die Auszubildenden schwierig ist, die Theorie mit der Praxis zu verknüpfen. Zusätzlich werden die theoretischen Anteile in der Schule stark an der Wissenschaft orientiert und haben somit keinen Bezug zur praktischen Facharbeit.

Da die Neuordnung 1987 schon so viel Zeit in Anspruch genommen hatte, es aber an Fachkräften in der immer schneller wachsenden Informationsgesellschaft fehlte, mussten neue Ausbildungsgänge geschaffen werden. So wurden nach kurzer Erarbeitungsphase, der eine langjährige Forderung vorausging, 1997 die IT-Berufe erlassen. Trotz dieser kurzen Erarbeitungsphase für die Curricula der IT-Berufe, sind die Inhalte gut auf einander abgestimmt. Hier wurden auch erstmals auf Grund der neuen KMK Handreichungen Lernfelder im schulischen Ausbildungsteil eingeführt. Die Idee war grundsätzlich, den Unterricht mehr und mehr an der Arbeit zur orientieren und eine Handlungsorientierung zu erreichen. Es sollte fächerübergreifender Unterricht und Projektunterricht leichter möglich werden. Denn vor allem die „Handlungsfähigkeit" im Beruf wurde schon 1987 (Becker 1988, S. 144) gefordert und die Bedeutung von Projektarbeit nahm in den Betrieben immer mehr zu. Daher sollten beide Aspekte auch in der Ausbildung einen Platz finden, um die geforderte „Berufsreife", die 1972 teilweise fehlte (vgl. Borch; Weißmann 1995, S. 2), erfüllen zu können. Die Auszubildenden können mit Hilfe der Lernfelder Projektarbeit an möglichst realistischen Arbeitsaufträgen üben und dieses Wissen dann in den Betrieb mitnehmen. Dieses ist auf der Grundlage des guten Zusammenspiels von Ausbildungsrahmenplan und Rahmenlehrplan auch gut möglich.

Dieser Ansatz wurde in der Neuordnung 2003 aufgegriffen und weiter vertieft. Die Lernfelder des Rahmenlehrplans und die Zeitrahmen des Ausbildungsrahmenplans sind inhaltlich und zeitlich sehr gut aufeinander abgestimmt. Damit sind Theorie und Praxis hier sehr stark verzahnt und machen das Lernen und Verstehen leichter. Durch die größere Anzahl der Lernfelder und die klare Abgrenzung in Ausbildungsjahren der Lernfelder wird es für die Schule einfacher, sie in einen Stundenplan zu integrieren. Für den Betrieb sind eindeutige Hinweise zu möglichen Einsatzgebieten durch die Art des Geschäftsprozesses eines Zeitrahmens gegeben.

Eine weitere Veränderung, die auf die Orientierung an Arbeits- und Geschäftsprozessen hindeutet, ist die gestreckte Prüfung, bei der die zwei Teile jeweils das Theorie- und das Praxiswissen der Auszubildenden abfragen. Selbst der erste Teil, der die Beantwortung einer komplexen Arbeitsaufgabe nur theoretisch und schriftlich verlangt, ist am Beruf orientiert. Der zweite

Teil ist stärker praxisorientiert und wird somit erst recht der Forderung nach Arbeits- und Geschäftsprozessorientierung gerecht. (vgl. Bachmann; Kulklinski; Pieringer 2003, S. 15f)

Insgesamt betrachtet war bei den Analysen der Rahmenlehrpläne und der Ausbildungsrahmenpläne ein deutlicher Trend weg von einer drastischen Trennung von Theorie und Praxis hin zu einer gemeinsamen und verzahnten Ausbildung in Schule und Betrieb zu erkennen. Immer mehr Inhalte wurden parallel und gemeinsam unterrichtet. Beide Lernorte sind somit für alle Inhalte in Theorie und Praxis gleichermaßen verantwortlich. Das kommt vor allem den kleineren Betrieben zugute, die meist einige Teile der Ausbildung gar nicht in der Praxis vermitteln können. Das höhere Maß an Zusammenarbeit zwischen Schule und Betrieb ist auch an der Verteilung des Aufenthaltes des Auszubildenden in beiden Stellen zu beobachten. Seit 1987 wurde der Unterricht in der Schule von acht auf zwölf Stunden und damit auf zwei Berufsschultage in der Woche ausgedehnt. So bekam die Schule einen höheren Anteil an der dualen Ausbildung. Die Praxis hielt dann ab 1997 mit den ersten Berufen, welche die Lernfelder in der Schule einsetzten, vermehrt Einzug in die Schule. Handlungs- und Projektorientierter Unterricht sind die beiden Schlagworte, die seit den Handreichungen der KMK für die Erarbeitung von Rahmenlehrplänen auch in der Berufsschule mehr Bedeutung erlangten. Schlussendlich wurde mit der letzten Neuordnung die Orientierung an den Geschäftsprozessen durch die gestreckte Prüfung weiter ausgebaut.

So sehr die Abstimmung auf dem Papier gelungen scheint, desto größer die Vielzahl an Artikeln, die das neue Lernfeldkonzept nach 1997 kritisierten. Die Umstellung für die Schule war eine große Herausforderung, die teilweise heute noch nicht ganz gelungen ist. Es muss noch viel daran gearbeitet werden, die Ideen der neuen Lernfelder und der Geschäftsprozessorientierung umzusetzen.

Ich bin jedoch der Meinung, dass genau dieses der richtige Ansatz ist, um berufliches Lernen möglich zu machen. Die Auszubildenden haben einen konkreten Bezug zu ihrer täglichen Arbeit und die Frage nach dem „Warum?" ist besser zu beantworten. Die Handlungsorientierung hat in der gesamten Forschung über Lernen einen großen Stellenwert erlangt, so dass auf die Frage nach dem „Wie?" auch eine gute, viel begründete Antwort gefunden wurde. Diese Erkenntnis sollte auch in der Berufsausbildung verwendet werden. Die in Kapitel 2 darlegte heutige Curriculumstruktur mit ihrer konkreten Auslegung in den aktuellen Rahmenlehrplänen und Verordnungen scheint somit die richtige Lösung zu sein, um berufliches Lernen möglich zu machen.

Literaturverzeichnis

Apel, Günter: Zur Neuordnung der Ausbildung der Facharbeiter in der Metall- und Elektrowirtschaft sowie bei der Bundespost. In: Berufsbildung in Wissenschaft und Praxis, Heft 3-4/87, S. 87-93

Arnold, Rolf; Lipsmeier, Antonius; Ott, Bernd: Berufspädagogik kompakt. Berlin: Cornelsen Verlag, 1998

Bachmann, Dirk; Kuklinski, Peter; Pieringer, Ina: Neuordnung der Elektroberufe – Prozess- und Handlungsorientierung im Lernort Berufsschule. In: Berufsbildung in Wissenschaft und Praxis, Heft 5/2003, S. 14-19

Bauer, Waldemar: Curriculumanalyse der neuen Elektroberufe 2003. Bremen: ITB, November 2004 (ITB - Forschungsberichte 16 / 2004)

Becker, Manfred: Zur Umsetzung der neuen Elektro- und Metallberufe. In: Berufsbildung in Wissenschaft und Praxis, Heft 5/88, S. 141-146

BMBF Bundesministerium für Bildung und Forschung (Hrsg.): Berufsbildungsbericht 2005. Bonn: 06. April 2005

BMWi Der Bundesminister für Wirtschaft (Hrsg.): Verordnung zur Änderung der Verordnung über die Berufsausbildung in der Elektrotechnik. Vom 15. Mai 1973; verkündet im Bundesgesetzblatt, Teil I, S. 464 Bonn: 15. Mai 1973

BMWi Der Bundesminister für Wirtschaft (Hrsg.): Verordnung über die Berufsausbildung zum Elektroinstallateur/zur Elektroinstallateurin (Elektroinstallateur-Ausbildungsverordnung El-AusbV). Vom 11. Dezember 1987. Bonn: 11. Dezember 1987.

BMWi Der Bundesminister für Wirtschaft (Hrsg.): Verordnung über die Berufsausbildung im Bereich der Informations-und Telekommunikationstechnik vom 10.Juli 1997. Auszug: Informations-und Telekommunikationssystem-Elektroniker / Informations- und Telekommunikationssystem-Elektronikerin (IT-System-Elektroniker/IT-System-Elektronikerin). In: Bundesgesetzblatt Jahrgang 1997 Teil I, ausgegeben zu Bonn am 15. Juli 1997, S. 1741 ff.

BMWA Der Bundesminister für Wirtschaft und Arbeit (Hrsg.): Verordnung über die Berufsausbildung in den industriellen Elektroberufen vom 3. Juli 2003. In: Bundesgesetzblatt Jahrgang 2003 Teil I Nr. 31, ausgegeben zu Bonn am 11. Juli 2003, S. 1144 - 1225

Borch, Hans; Weißmann, Hans: Die Neuordnung der industriellen Elektroberufe -Poblemaufriß. In: Drescher, Ewald; Müller, Wolfgang; Petersen, A. Willi; Rauner, Felix; Schmidt, Dorothea: Evaluation der industriellen Elektroberufe. Neuordnung oder Weiterentwicklung. Abschlußbericht 1995. Bremen: Universität Bremen, ITB, 1995, S. 1 – 11

Borch, Hans; Weißmann, Hans: Wirkanalyse zur Neuordnung der industriellen Elektroberufe (1987). BiBB Forschungsprojekt Nr.: 3.6001, 1996

Ehrke, Michael: IT-Ausbildungsberufe: Paradigmenwechsel im dualen System. In: Bundesinstitut für Berufsbildung (Hrsg.): Berufsbildung in Wissenschaft und Praxis, Heft 26/1997/1, S. 3-8

Faust, Ulrich; Höfler, Arnold: Entwicklung neuer Rahmenlehrpläne für den berufsbezogenen Unterricht der Berufsschulen des Landes Hessen. In: Die Deutsche Berufs- und Fachschule. Stuttgart: Steiner, 69 (1973) 5, S. 346 - 353

HKM Der Hessische Kultusminister (Hrsg.): Rahmenlehrpläne für die beruflichen Schulen des Landes Hessen, Berufsschule, Fachstufe, Berufsfeld Elektrotechnik. (Ausgabe 1977) Frankfurt a.M.: Diesterweg, Oktober 1978 (1. Aufl.)

Howe, Falk: Die Entwicklung der Elektroberufe - Eine vollständige Genealogie des Berufsfeldes.Bremen: Universität Bremen, 1996 (Diplomarbeit)

KMK Sekretariat der Ständigen Konferenz der Kultusminister der Länder in der Bundesrepublik Deutschland (Hrsg.): Elemente für den Unterricht der Berufsschule im Bereich Wirtschafts- und Sozialkunde gewerblich-technischer Ausbildungsberufe. Beschluss der Kultusministerkonferenz vom 18. Mai 1984

KMK Sekretariat der Ständigen Konferenz der Kultusminister der Länder in der Bundesrepublik Deutschland (Hrsg.): Rahmenlehrplan für den Ausbildungsberuf Elektroinstallateur/Elektroinstallateurin. Beschluss der Kultusministerkonferenz vom 14. Dezember 1987

KMK Sekretariat der Ständigen Konferenz der Kultusminister der Länder in der Bundesrepublik Deutschland (Hrsg.): Rahmenlehrplan für den Ausbildungsberuf Informations- und Telekommunikationssystem-Elektroniker / Informations- und Telekommunikationssystem-Elektronikerin. (IT-System-Elektroniker/IT-System-Elektronikerin) Beschluß der Kultusministerkonferenz vom 25. April 1997

KMK Sekretariat der Ständigen Konferenz der Kultusminister der Länder in der Bundesrepublik Deutschland (Hrsg.): Handreichungen für die Erarbeitung von Rahmenlehrplänen der Kultusministerkonferenz (KMK) für den berufsbezogenen Unterricht in der Berufsschule und ihre Abstimmung mit Ausbildungsordnungen des Bundes für anerkannte Ausbildungsberufe Bonn 1996 und 2000)

KMK Sekretariat der Ständigen Konferenz der Kultusminister der Länder in der Bundesrepublik Deutschland (Hrsg.): Rahmenlehrplan für den Ausbildungsberuf Systeminformatiker. Beschluss der Kultusmitnister Konferenz vom 16.Mai 2003

Lipsmeier, Antonius: Berufsschule 2000. In: TH DARMSTADT, der Präsident (Hrsg.): Neue Technologien in der Berufsbildung. Modellversuche in beruflichen Schulen. Tagungsband der überregionalen Fachtagung des Hessischen Kultusministers und des Bundesministers für Bildung und Wissenschaft zu Modellversuchen in beruflichen Schulen. Darmstadt: 1988 (Schriftenreihe Wissenschaft und Technik TH Darmstadt; Band 44), S. 77 – 101

Petersen, A. Willi; Rauner, Felix: Memorandum: Neuordnung der Berufe in einem Berufsfeld Elektrotechnik-Informatik. Bremen, Flensburg: August 2000

Petersen, A. Willi: Curriculumforschung im Kontext der industriellen und handwerklichen Elektroberufe. In:Gerds, Peter u.a. (Hrsg.): Was leistet die Berufsbildungsforschung für die Entwicklung neuer Lernkonzepte? Bielefeld: Bertelsmann, 2002 (Schriftenreihe: Berufsbildung, Arbeit und Innovation; Bd. 13), S. 140 - 184

Petersen, A. Willi: Geschäfts- und Arbeitsprozesse als Grundlage beruflicher Ausbildungs- und Lernprozesse. In: lernen & lehren Elektrotechnik-Informatik und Metalltechnik. Schwerpunktthema Geschäftsprozessorientierung. Wolfenbüttel: Heckner, Heft 80, 20. Jahrgang 2005, S. 163 – 174